COURS PRÉPARATOIRE
DE CALCUL

OU

PREMIER DEGRÉ

DE L'ENSEIGNEMENT DU CALCUL

DANS LES ÉCOLES PRIMAIRES

suivi

DES PROCÉDÉS GÉNÉRAUX DE CALCUL MENTAL.

Par M. GROSCLAUDE

Instituteur à Hérimoncourt, (Doubs).

MONTBÉLIARD,

IMPRIMERIE ET LITH. DE H. BARBIER

COURS PRÉPARATOIRE
DE CALCUL

OU

PREMIER DEGRÉ

DE L'ENSEIGNEMENT DU CALCUL

DANS LES ÉCOLES PRIMAIRES

suivi

DES PROCÉDÉS GÉNÉRAUX DE CALCUL MENTAL.

Par M. GROSCLAUDE

Instituteur à Hérimoncourt, (Doubs).

MONTBÉLIARD,

IMPRIMERIE ET LITH. DE H. BARBIER

COURS PRÉPARATOIRE

DE CALCUL

PRÉFACE.

Ce degré d'enseignement a pour point de départ *l'intuition*. On se servira d'objet intuitifs pour représenter les nombres ou pour les combiner entre eux, par exemple, de traits, de points, de ronds, et en particulier du boulier-compteur. Les objets matériels seront employés jusqu'à ce que les enfants soient suffisamment familiarisés avec les nombres pour qu'ils puissent se passer du secours des moyens intuitifs.

Comme son titre l'indique, ce Cours de Calcul est destiné aux commençants; ce qui imposait l'obligation de le rendre essentiellement pratique, sans néanmoins exclure les notions théoriques nécessaires aux élèves. Il renferme, en 143 leçons, 1292 exercices et problèmes gradués, qui conduisent rapidement et sûrement les élèves à une grande habileté dans le calcul pratique. Pour atteindre ce but, il sera très-avantageux de ne point séparer le *calcul mental* du *calcul chiffré*, mais de les faire marcher de front, ce qui revient à dire de faire exécuter *oralement* et *par écrit*, tous les exercices et tous les problèmes du Cours qui peuvent se prêter à ce double travail.

Pour ce qui est du plan de l'ouvrage, l'auteur donne d'abord, quand cela paraît utile, un *exposé* de la leçon ou partie théorique; puis vient un *questionnaire* suivi d'*exercices* et d'un *texte à réciter*. Il y a dérogation à cet ordre à partir de l'addition, où les exercices et les problèmes suivent les numéros à mémoriser. Ceux-ci se composent de définitions et de quelques règles simples et courtes relatives à la numération des nombres entiers et aux quatre opérations fondamentales sur ces mêmes nombres.

Il ne nous appartient pas de faire l'éloge de ce Cours, nouveau dans son genre; nous nous bornerons à dire qu'il est simple, progressif, gradué avec un soin particulier, conduisant pas à pas l'enfant, sans fatigue ni tourment, du simple au composé, du facile à ce qui l'est moins; de sorte que nous ne craignons pas d'affirmer qu'il peut faciliter l'enseignement des maîtres et des maîtresses et simplifier leur travail de préparation quotidienne, en même temps qu'il fournira aux élèves les moyens d'exercer leur sagacité et d'acquérir, par une voie prompte et sûre, l'aptitude et le développement intellectuel nécessaires pour suivre fructueusement un Cours raisonné et méthodique d'Arithmétique.

SOMMAIRE DU COURS.

Calcul avec les nombres 1 à 10 : Numération parlée. — Distinction des noms de nombre. — Figuration des nombres 1 à 10 avec des chiffres. — Addition. — Soustraction. — Application à des problèmes faciles tirés des usages de la vie. — Décomposition de ces nombres: nombres pairs, nombres impairs.

Calcul avec les nombres 1 à 20 : Numération parlée. — Figuration des nombres 10 à 20 avec des chiffres. — Addition. — Soustraction. — Application à des problèmes faciles tirés des usages de la vie.

Calcul avec les nombres 1 à 100 : Numération parlée. — Explication des dizaines et du nombre cent. — Figuration des nombres 20 à 100. — Addition. — Soustraction. — Application à des problèmes tirés des faits de la vie commune. — Addition et soustraction avec les dizaines pures, puis avec des nombres mixtes, c'est-à-dire composés de dizaines et d'unités. — Même suite d'exercices et problèmes que ci-dessus. Multiplication dans les limites du livret. — Division avec diviseurs plus petits que 10. — Problèmes variés.

Calcul avec les nombres 1 à 1000 : Numération parlée. — Numération écrite. — Décomposition en unités, dizaines et centaines. — Addition. — Soustraction. — Application à des problèmes tirés des faits de la vie commune. — Multiplication et division avec multiplicateurs moindres que 10. — Multiplication et division par 10. Exercices et problèmes comme ci-dessus.

Calcul avec les nombres 1 à 1000000 : Numération parlée. — Numération écrite. — Exercices sur la numération de ces nombres. — Décomposition et recomposition de ces mêmes nombres. — Addition. — Soustraction. — Multiplication et division avec multiplicateurs et diviseurs moindres que 100.

COURS PRÉPARATOIRE

DE CALCUL

OU PREMIER DEGRÉ DE L'ENSEIGNEMENT DU CALCUL

DANS LES ÉCOLES PRIMAIRES.

PREMIÈRE LEÇON.

Calcul avec les nombres 1 à 10.

Numération parlée.

J'ajoute: *un* à *un*, ce qui donne *deux*;
       un à *deux*, ce qui donne *trois*;
       un à *trois*, ce qui donne *quatre*;
       un à *quatre*, ce qui donne *cinq*;
       un à *cinq*, ce qui donne *six*;
       un à *six*, ce qui donne *sept*;
       un à *sept*, ce qui donne *huit*;
       un à *huit*, ce qui donne *neuf*;
       un à *neuf*, ce qui donne *dix*.

Les mots *un, deux, trois, quatre....*, servent à compter ; on les appelle des *nombres*. *L'unité* est le nombre *un;* ce mot désigne un seul des objets que l'on compte ou que l'on considère. Si l'on compte des arbres, *l'arbre* est l'unité; si l'on compte des francs, le *franc* est l'unité.

Questionnaire.

Quels nombres précèdent trois, cinq, sept, neuf dans l'ordre naturel ?

Quels nombres suivent deux, quatre, six, huit ?

Quels sont les nombres qui sont après six ?

Quels sont ceux qui sont avant cinq ?

Quels nombres y a-t-il entre un et trois ? — entre trois et cinq ? — entre sept et neuf ? — entre deux et quatre ? — entre quatre et six ? — entre huit et dix ?

Quels sont les deux nombres entre lesquels se trouvent trois, six, neuf, deux, cinq, huit, quatre, sept ?

À quoi servent les nombres ?

Quelle est l'unité dans *quatre enfants* ? — dans *sept plumes* ? — dans *dix moutons* ?

Exercices.

1. Écrire les noms des dix premiers nombres : 1° de un à dix ; 2° de dix à un.

2. Indiquer le nombre de lettres qui composent chacun des mots suivants : *père, tulipe, cabinet, propreté.*

3. Copier et souligner les *noms* de nombre :

Nous avons cinq sens. Il y a quatre saisons dans l'année. Chaque saison dure trois mois. Toute semaine se compose de sept jours.

A réciter.

1. — On forme les nombres en ajoutant un à un, ce qui donne deux ; un à deux, ce qui donne trois, et ainsi de suite.

2. — Les nombres servent à compter. Pour compter de un à dix, on dit successivement : un, deux, trois, quatre, cinq, six, sept, huit, neuf, dix.

3. — L'unité est une des choses que l'on compte.

DEUXIÈME LEÇON.

Distinction des noms de nombre.

Si je dis: Ce marchand a vendu *trois* chevaux, le mot *trois* indique la quantité, le nombre de chevaux vendus.

Si je dis: Alfred est le *troisième* de sa classe, le mot *troisième* indique le rang qu'occupe Alfred.

Il y a donc des nombres qui marquent la *quantité*, comme *trois, cinq, huit*: ce sont les nombres *cardinaux*; et d'autres qui marquent *l'ordre*, comme *troisième, cinquième, huitième*: ce sont les nombres *ordinaux*.

Questionnaire (1).

Combien avons-nous de doigts à une main? — aux deux mains.

Comment appelle-t-on le premier doigt de la main? — le troisième? — le deuxième? — le cinquième? — le quatrième?

Quel nom donne-t-on au premier jour de la semaine? — au cinquième? — au troisième? — au second? — au quatrième? — au dernier? — au sixième?

Quel est le jour qui marque le milieu de la semaine?

Quelle est la troisième lettre du mot modération? — quelle est la septième? — quelle est la dixième? — quelle est la huitième? quelle est la seconde? — quelle est la neuvième? — quelle est la cinquième? — etc.

---

[1] Noms des doigts de la main: le pouce, l'index, le doigt du milieu, l'annulaire et l'auriculaire. Noms des jours de la semaine: dimanche, lundi, mardi, mercredi, jeudi, vendredi et samedi,

Exercices (1).

4. Ecrire les noms de nombre ordinaux: 1° du premier au dixième, 2° du dixième au premier.

5. Copier et remplacer les points par les noms de nombre convenables:

Le mois de mai est le.... mois de l'année. Le mois d'août est le.... mois de l'année. Le mois d'octobre est le.... mois de l'année. Le.... mois de l'année est le mois de février. Le.... est le mois d'avril. Le.... est le mois de juillet. La.... lettre de l'alphabet est la lettre f. La.... est la lettre b.

A réciter.

4. — Les nombres cardinaux sont ceux qui indiquent simplement la quantité, le nombre, comme un, deux, trois, etc.

5. — Les nombres ordinaux sont ceux qui indiquent l'ordre, la place, comme premier, second, troisième etc.

Au lieu de second on dit aussi deuxième.

[1] Noms des mois de l'année : janvier, février, mars, avril, mai, juin juillet, août, septembre, octobre, novembre, décembre.